竹節聪聪与桃兔兔

二十四节气绘本

七月的节气 小暑和大暑

童趣出版有限公司编　人民邮电出版社出版
北　京

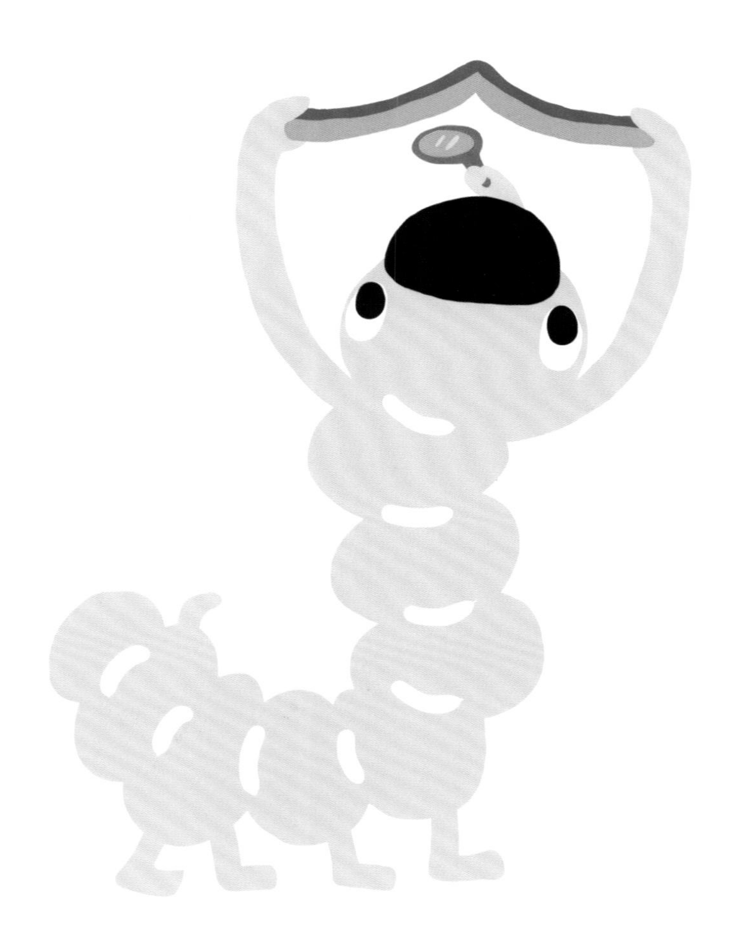

这本书属于 ______________________

小朋友，到了夏天最热的时候了，我们来和铅笔先生一起“晒伏”吧。美丽的萤火虫也在夜晚等着大家哟。这次你将会认识一年中最热的两个节气——小暑和大暑，做三个和它们有关的游戏，还可以吃到清凉解暑的烧仙草。准备好了吗？出发！

小暑三候
第一候
温风至
节气小课堂之小暑
每年的7月6日、7日或8日。
小暑是夏季的开始。这时，天气逐渐酷热难耐，农作物进入茁壮成长阶段。小暑的时候，风开始变得暖暖的，蟋蟀怕热躲在了墙脚，老鹰也开始飞到高空躲避炎热的天气。
小暑特色美食：藕、黄鳝。
习俗：晒伏。
我想出门。
连风都是热的。
我好热啊！

小暑三候
第二候
蟋蟀居宇
小暑三候
第三候
鹰始鸷
蟋蟀蟋蟀，你们怎么都缩在墙脚呀？
热！

吱吱，六月六，晒书喽！

我正好准备了蜜汁藕片给大家吃。

铅笔先生，我去叫竹聪聪他们来玩儿。

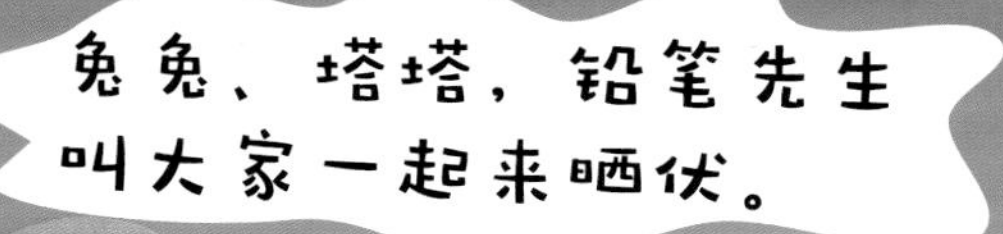

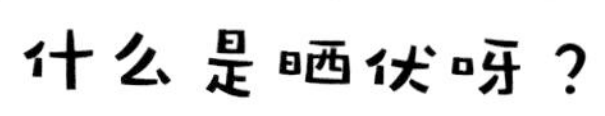

我也不知道，听起来很好玩儿呢。

好的，我来喽。
聪聪，柳漂漂叫我
们去吃蜜汁藕片。

吱吱，小暑到了太阳热，我把书拿出来晒一晒。
怎么这么多书呀！铅笔先生你在干什么呢？
满地都是书。

好，我现在就回
去取漂亮衣服。
嗯！
这叫晒伏，小朋友们
也把衣服和书拿出来
晒一晒吧。

“小暑”节气互动任务

晒伏

小朋友，请把绘本附页上的“书”和“衣服”放在石板上，我们一起来晒伏吧！

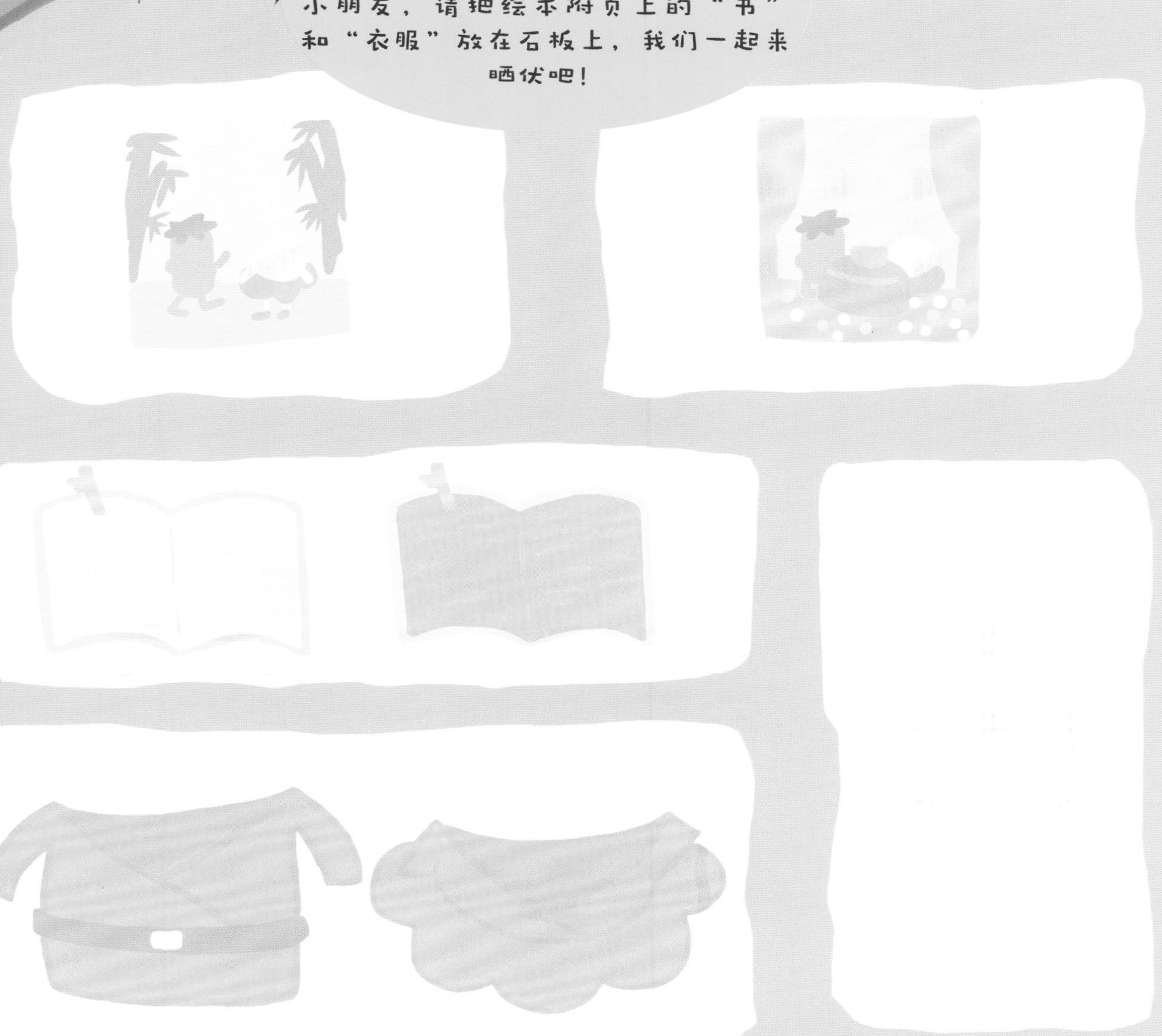

好棒，都弄好啦。
大家快来吃蜜汁藕片吧。
衣服在晒过之后更漂亮啦。
我来了，我来了。

你是谁呀？
桃兔兔、松塔塔、铅笔
先生，你们好。

你们不认识我了吧？我是蚕宝宝呀！我现在长大啦。
没错，蚕宝宝长大了就会变成美丽的飞蛾。

晚上的森林里有好多好多萤火虫，特别美。
好棒呀！我们晚上过来好不好？
嘿嘿！我要来！萤火虫的舞蹈最美啦！
好。

大暑三候
第一候
腐草为萤

节气小课堂之大暑

每年的7月22日、23日或24日。

大暑意味着夏季将渐渐接近尾声，同时，大暑是一年中天气最热的时候，农作物在这时生长得最快。大暑的时候，潮湿腐败的枯草里会孵化出美丽的萤火虫。闷热的天气使土壤都跟着变得潮湿，只有时常到来的雷阵雨能为大家带来一丝凉爽。

大暑特色美食：烧仙草、菠萝。

习俗：喝羊汤。

是呀，那里好像有个爱心的形状。

你们看，萤火虫拼出了好多形状。

我们把它们画出来吧。

“大暑”节气互动任务

萤火虫的密码

小朋友，图中的萤火虫摆出了各种图案的密码，快根据提示把它们画出来吧。

任务完成，再获得爱心一颗。

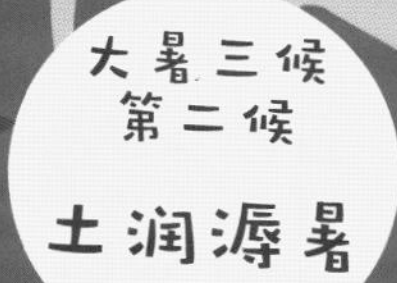
大暑三候
第二候
土润溽暑

我们要找点儿解暑的东西吃。
铅笔先生说可以吃烧仙草。
太热啦，连地都在出汗。

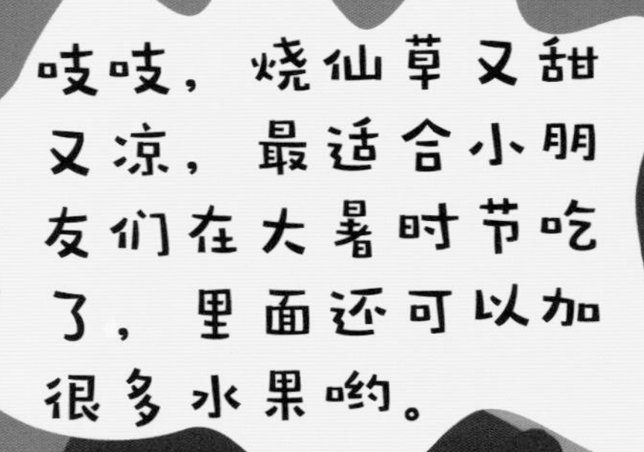

吱吱，烧仙草又甜又凉，最适合小朋友们在大暑时节吃了，里面还可以加很多水果哟。

我只加红豆沙就行。

我要吃加芋圆和牛奶的。

那我要加蜜枣、花豆，还要加花生和芒果。

我要吃加蜜豆和葡萄干的。

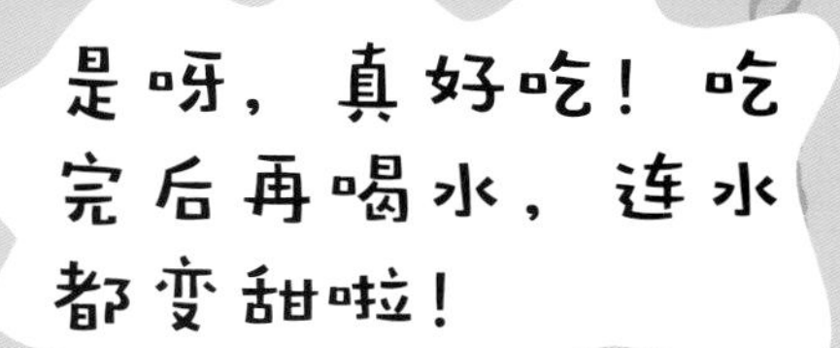

吃完烧仙草，感觉凉快了好多。

我还要吃。

小朋友们想不想听关于烧仙草的传说呀？

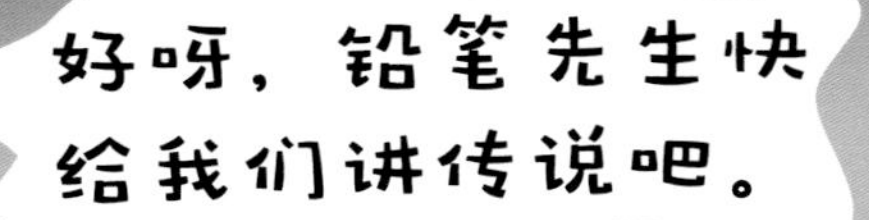
好呀，铅笔先生快
给我们讲传说吧。
我猜会很感人呢。

一定很有趣。

“大暑”节气亲子互动任务

看图讲述烧仙草的传说

小朋友，请和爸爸妈妈一起，为每个图案找到相应的文字描述，然后请爸爸妈妈给你讲述烧仙草的传说吧。

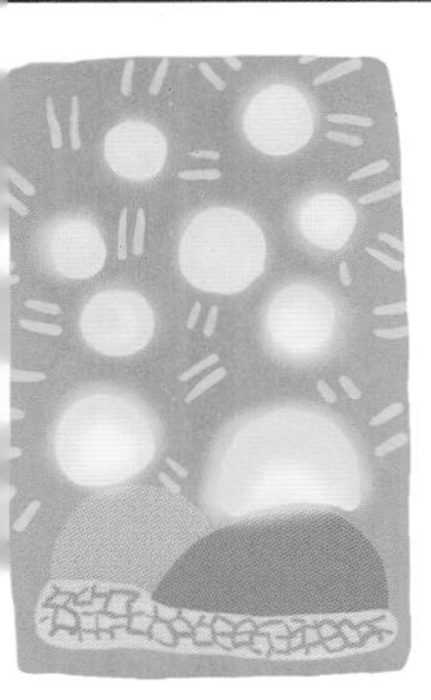

可他的妻子嫦娥偷吃了仙药，带着玉兔飞到了月亮上。

后来，有一个名叫后羿的英雄，用弓箭将其中九个太阳射了下来。

后羿去世后，坟前长出了仙人草。后人用仙人草做出了美味的烧仙草，为大家在夏日带来了清凉。

很久以前，天上有十个太阳，热得大家受不了。

后羿伤心极了。为了和妻子团聚，他命令大家去找仙人草。

王母娘娘为了奖励后羿，将成仙的药送给了他。

任务全部完成，集满三颗爱心！

嫦娥不该偷吃仙药。

原来烧仙草是这样来的啊。

我要再吃一碗。
是呀，如果嫦娥不偷吃仙药，后羿也就不会那么伤心了。
对，我们有好吃的也要大家一起分享才行哟。

大暑三候
第三候
大雨时行
呀，下大雨了！
你看，亭子的另一边
没有下雨。
好神奇呀。

树呀，花呀，也都喝饱啦。
天气凉快了好多。雨水好好喝！哈哈！
大暑时候的雨就是这样：东边还出着太阳呢，西边却已经下雨啦。

家长引导指南

家长们好：

感谢你们选择了《竹聪聪与桃兔兔 二十四节气绘本》，这是一套介绍二十四节气的通识读物，我们想让更多的孩子和家长都来了解它。

我们为什么要做这件事？

策划这套书的初衷是由于出品人王璐同学的宝贝虫虫问她什么是“年”，而她只知道“年”是一个怪兽。接受西方教育的王璐同学会讲童话，能聊聊文艺复兴，也许还能侃侃大数据，但她不能告诉她的宝贝中国每年最重要的节日“年”是什么。从那之后，王璐想要去做这样一件事，让令世界都惊叹的中国文化也被更多的中国人知道。

为什么选择二十四节气呢？虽然二十四节气更多的是应用在农业生产上，但它也与我们的生活息息相关，这些由节气带来的自然界的变化就在我们身边，比如大雁什么时候南飞、叶子上什么时候会有露珠、什么时候要吃柿子……这些都跟节气有关。

这套作品特别在哪里？

这是一套知识和互动相结合的丛书。一套好的通识读物，我们希望它既能普及知识，又有趣味性，最好还能有亲子互动的功能，让家长和孩子一起玩儿。于是我们加入了很多小互动环节，让家长们能带着宝贝完成一个个小游戏，增加家长和孩子之间的亲子默契，同时又能收获满满的成就感，让宝贝更加自信专注。

内容到底有多有趣？

我们把二十四节气作为隐线糅合进一个个小故事里，让小朋友在哈哈大笑的同时学到知识。也许有的小朋友年纪太小，还不能完全理解书中的内容，可他们也会因为好玩儿的情节而印象深刻，就像孩子背古诗，他也许当下不明白，但长大后会突然变得通透，感叹“原来是这样啊”。有很多的“小思想”在图书简单的故事里并不能完全表达出来，因此，我们设置了家长导读公众号，家长看过之后会“了解更多”。

总之，艺术从娃娃抓起，传统文化也如是。

出 品 方

泡泡堡（深圳）文化创意有限公司

出 品 人

王璐

策划统筹

胡南

作　　者

胡开明　王璐　胡南

互动设计

刘梦霏

通识顾问

张卡特

图书在版编目（CIP）数据

七月的节气 ： 小暑和大暑 / 泡泡堡（深圳）文化创意有限公司著 ； 童趣出版有限公司编. -- 北京 ： 人民邮电出版社，2018.7
（竹聪聪与桃兔兔二十四节气绘本）
ISBN 978-7-115-48795-7

Ⅰ. ①七… Ⅱ. ①泡… ②童… Ⅲ. ①二十四节气—儿童读物 Ⅳ. ①P462-49

中国版本图书馆CIP数据核字（2018）第145191号

竹聪聪与桃兔兔 二十四节气绘本
七月的节气 小暑和大暑

作　　者：泡泡堡（深圳）文化创意有限公司
责任编辑：程瑛瑛
执行编辑：张木天
美术设计：耿　蔚

编　　：童趣出版有限公司
出　　版：人民邮电出版社
地　　址：北京市丰台区成寿寺路11号邮电出版大厦（100164）
网　　址：www.childrenfun.com.cn

读者热线：010-81054177
经销电话：010-81054120

印　　刷：北京协力旁普包装制品有限公司
开　　本：889×1194　1/20
印　　张：1.6
字　　数：20 千字
版　　次：2018年7月第1版　　2018年7月第1次印刷
书　　号：ISBN 978-7-115-48795-7
定　　价：18.00元

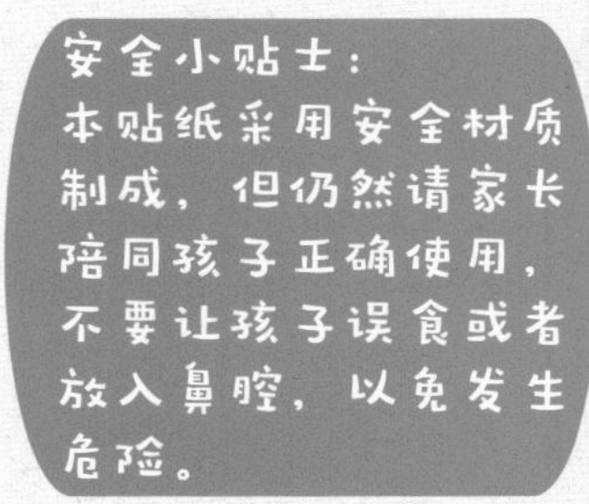

贴纸1： 书

请配合第11页使用。

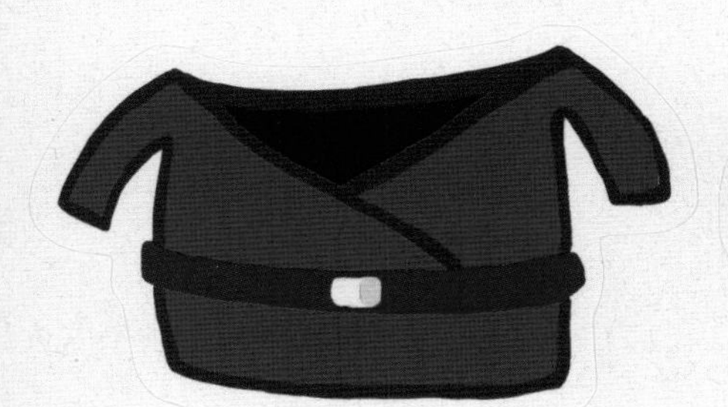

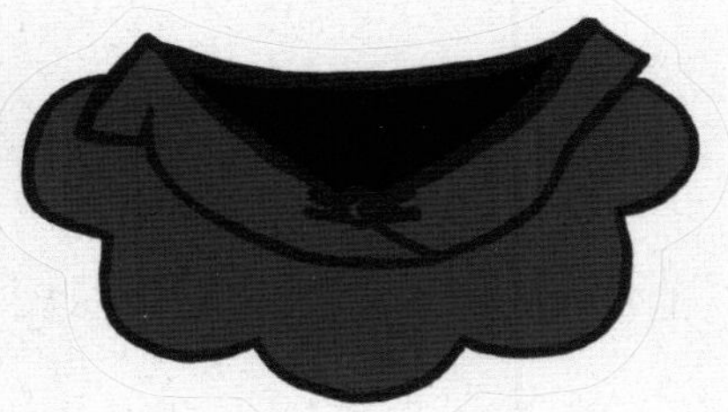

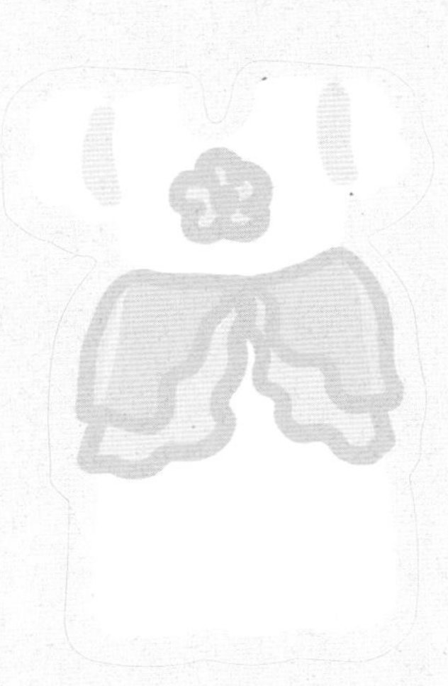

贴纸2： 衣服

请配合第11页使用。

你真棒！谢谢你帮助竹聪聪和桃兔兔完成小花仙任务，送给你“小暑”和“大暑”两枚小花仙节气勋章作为奖励！